我的家在中國・道路之旅 ⑤

開往春天的列車 鐵路

檀傳寶◎主編　葉王蓓◎編著

中華教育

目錄

它是鋼鐵漢子，鐵骨錚錚，翻山越嶺不在話下；搭起城市軌道交通。它就是我們的鐵路。

列車三　城市交通的好幫手

列車四　越開越快的火車

列車一

冒煙的怪物

中國的第一條鐵路

世界上第一條鐵路是英國人建的。

中國的第一條鐵路，竟然也是英國人修建的！

這個故事講起來很有意思。那時候正好是清末，有很多英國人在上海做生意。為了掙得更多的金錢，他們的船總是要裝很多的西洋貨物。長此以往，船噸位變得很大，逐漸沒辦法沿着黃浦江開進上海市的中心，只好停靠在吳淞碼頭（現在上海寶山區）。

英國商人們把遠道運來的貨物，比如漂亮的歐式家具，從大船上抬下來，搬到小點的船上，再運往現在南京路一帶的店鋪裏。

那時候，上海城裏最主要的運輸方式是水運。遺憾的是，上海的河道常常淤塞，疏通起來很困難。時間就是金錢呀！外國的生意人等得很心急。他們商量，乾脆修一條從碼頭到市裏的

鐵路來運貨，那多方便啊！可是，頑固守舊的清政府怎麼會答應修建這樣的洋玩意呢？

於是，英國商人們想了一個辦法，騙清政府說想修一條從吳淞通向市區的「尋常馬路」。於是打着「馬路」的名義，鐵路就開始建了。

1876 年 6 月，全長 14.5 公里的吳淞鐵路全線完工，7 月 1 日正式通車營業。這是一條軌距為 0.762 米的窄軌鐵路，採用每米重 13 公斤的鋼軌，列車速度為每小時 24~32 公里。

火車運行後，清政府很快感覺上當了，加上火車僅運行了一個多月就軋死了一名過路行人，當地民眾也爆發了強烈的不滿，羣起而攻之，阻止火車開行。清政府想結束這種局面，英國人卻不甘「損失」。於是，1876 年 10 月，英國人與中方議定，由清政府用 28.5 萬兩白銀買下這條鐵路，款項在一年半內分三次付清，未付清前允許照常營業。款項如期付清後，清政府決定拆毀鐵路。

拆毀的吳淞鐵路產生的一些建設材料，本來清政府不想浪費，而是準備拿來修築台灣鐵路。後因種種原因，台灣鐵路不能開工，吳淞鐵路的這些設備器材在台灣海灘上無人問津，一直擺放了十幾年，枕木已逐漸被白蟻蛀空，機件和路軌已經蓋上一層鐵鏽，車廂也朽爛。直到 1883 年，這批材料又運回上海，再從上海運到開平礦區（今河北唐山境內）作為開平鐵路之用。

不管第一條鐵路命運如何，鐵路終於在中國出現了，成為後來一種重要的交通工具。

《申報》對吳淞鐵路的跟蹤報道

對於吳淞鐵路從修築到拆毀，《申報》給予了詳細的報道，吳淞鐵路的命運一時成為大眾關注的熱點。

1876年6月吳淞鐵路告竣，《申報》1876年6月14日第一版載《鐵路告成》一文：「本埠恐火輪車路已至江灣鎮，相傳西曆七月初一日慶賀落成，可以駛行矣。再俟半月則直達吳淞，來往之客隨時附坐火車，頃刻往還，不啻身有羽翼也。」

驢拉火車

現在，我們來講講中國真正意義上的第一條鐵路，那是由李鴻章修建的從唐山到胥各莊的唐胥鐵路。

鐵路修好通車不久，清政府就覺得火車「機車直駛，震動東陵，且噴出黑煙，有傷禾稼」，對其意見非常大。不過還好，這次他們沒有決定拆掉鐵路，畢竟開平礦區盛產的煤礦，海上的輪船都要用，而且火車運煤的優勢是很明顯的。

但是清政府仍然禁止使用冒黑煙的怪物（機車）來拉火車！那火車靠甚麼來拉動呢，清政府說，改用驢和馬拖着運煤的火車走。

因此，十分滑稽的故事就發生了：幾頭馬和驢，拽着長長的運煤車在鐵軌上艱難地挪動，這也就是歷史上出名的「驢拉火車」的故事。

李鴻章為了說服清代一些守舊的官員，就邀請他們乘坐「龍號」機車。官員們感覺機車牽引的火車舒適、安全、可靠，終於在 1882 年又允許使用機車牽引了。

中國第一台機車

「龍號」機車，也被稱為「中國火箭號」，是中國的第一台蒸汽機車。在清代許多守舊官員乘坐過它之後，封建中國「驢拉火車」的滑稽劇才結束了。

「龍號」機車非常漂亮，頭上刻有一條龍。不過，你可能不知道，它是胥各莊鐵路修理廠工人們用廢鍋爐改造的。而這條龍，是為了堵住清代守舊派的嘴巴，才刻上的。它退役後，一直放在北京。後來1937年抗日戰爭爆發，它便離奇地失蹤了。

現在，唐山火車頭紀念碑上刻着一句話：「中華鐵路，師夷之技，源唐胥始，於龍號起，幾多艱難，歷經風雨。」這個句子，提到了兩樣東西，你能從驢拉火車的故事裏找到嗎？

是的，這句話紀念的是「龍號」機車、唐胥鐵路，還有我們中國人當時發現落後挨打，開始「師夷之技」（學習外國人的技術）的故事。現在讀到這個句子，讓人聯想起中國在過去百年裏為了國家富強，經歷的艱辛和努力，真讓人感觸良多啊！

▶「龍號」機車模型

慈禧坐火車

其實，不止清代的官員們，慈禧太后和光緒皇帝也都坐過火車。1902 年，他們帶着皇宮裏的各式人員，乘坐為皇家準備的特別列車，回到了北京久違的家。

這一路上，他們百感交集。為甚麼呢？話說，1900 年，八國聯軍攻進北京的時候，他們倉皇逃出北京，一路逃到西安。一晃十幾個月過去了，八國聯軍終於願意講和了，他們才可以回家。

慈禧，是非常守舊的，她覺得洋人、鐵路都是禍害中國的東西。但是，這次回北京，慈禧竟然決定乘搭比利時鐵路公司的火車回去，也不知道是不是為了討好洋人，表示友善。

慈禧坐的火車非常豪華，一共 21 節車廂，9 節裝滿寶貝，都是她逃到西安時一路上搜刮來的。她一個人還要坐一節單獨的車廂。

其他人可就沒有這麼舒服了。一起回北京的王公大臣們人數非常多，卻只能擠在 1 節車廂裏，一路擠回北京。

慈禧下火車的方式，肯定是世界上少有的。還沒有到終點，她就聽占卜師們安排，中途下了車，換轎子進北京。讓比利時鐵路公司吃驚的事情還有呢，慈禧出手非常的「大方」，下車的時候，慈禧命令隨從拿出 5000 個大洋獎賞鐵路方面有關人員，還另外獎賞了比利時火車公司一枚雙龍寶星。

八國聯軍侵華

八國聯軍侵華戰爭是指1900年（清光緒二十六年）英、法、德、美、日、俄、意、奧等國派遣的聯合遠征軍，以鎮壓中國北方義和團運動為名而入侵中國所引發的戰爭。八國聯軍的行動，直接造成義和團的消滅，以及京津一帶清軍的潰敗，迫使慈禧太后挾光緒帝逃往陝西西安。八國聯軍在北京大肆屠殺、掠奪。

▲ 圓明園遺址

最終，清廷與包含派兵8國在內的11國簽訂《辛丑條約》，付出巨額的賠款，並喪失多項主權。中國也從此徹底淪為半殖民地半封建社會。現在，我們走進經過英法聯軍搶掠焚燒數十年後，在八國聯軍入侵期間又遭洗劫的圓明園，目睹遺址美麗而殘缺的石柱，留在我們心中的是無限的惋惜和對歷史深深的反思。

中國第一條真正意義上的鐵路

八國聯軍入侵後，國內要求保衞路權、自修鐵路的呼聲越來越大，清政府終於決定自行興建第一條完全由中國人自行設計施工的鐵路——京張鐵路，並委派鐵路工程專家詹天佑主持設計。

▲ 作為京張鐵路的總工程師，詹天佑創造性地運用了「人」字型鐵路，使火車能在山區陡坡通行。

京張鐵路連接北京豐台，經八達嶺、居庸關、沙城、宣化等地至河北張家口，全長約200公里。修建這條鐵路的工程艱巨，但鐵路從1905年9月開工修建，於1909年建成，總建設時間不滿4年，而且完全沒有使用外國的資金和人員。這條鐵路的建成，在中國鐵路史上意義非凡。

名人扎堆的火車站——前門站

現在，故宮外面有一座歐式建築的藍房子。它是中華人民共和國成立之前北京最大的火車站是正陽門東車站，老百姓叫它前門火車站，始建於 1903 年，光緒三十二年建成並啟用。1912—1924 孫中山兩次抵京，均於正陽門東車站下車。1937 年後，先後易名為前門站、北平東站、北京站。

前門火車站是一個時代的印記，這裏發生過太多大事件，來過太多的名人。

那些人：張勳

辛亥革命剛過去 6 年，就有個叫張勳的人率軍入京擁廢帝溥儀復辟，佔領過這個車站。

那些事： 張勳復辟

1917年6月14日，張勳率5000「辮子兵」，借「調停」為名進入北京。同月30日，張勳趕走了當時的大總統黎元洪，把12歲的溥儀抬出來宣佈復辟。這就是史家稱的「張勳復辟」。結果復辟僅12天就失敗了。

那些人：孫中山、馮玉祥

又過了 7 年，一個叫馮玉祥的人發動北京政變，又佔領了這個車站，還在車站內安營紮寨「過日子」，火車運輸中斷了十天。後來，馮玉祥發電報邀請一個人來北京，他到火車站的時候，有三萬多「粉絲」迎接，這個人就是孫中山。

那些事： 孫中山與故宮

孫中山領導的辛亥革命（1911年）推翻了清代統治。皇帝雖退位，但是仍住在紫禁城。北京政變（1924年）把皇帝趕出紫禁城，徹底鏟除封建帝制。從此以後，紫禁城也稱故宮，顧名思義，為過去的宮殿的意思。

那些人：程硯秋

文化名人也愛「出沒」在這個火車站。寫小說的沈從文，給《黃河大合唱》譜曲的冼星海，京劇的名角程硯秋等，太多太多的名人都在這個火車站扎堆往來。在這裏，關於程硯秋，還有件趣事。1942 年，程硯秋在上海結束演出後回北平，在火車站遭到傀儡政府警察的圍堵。四個警察希望用武力逼迫程硯秋答應為傀儡政府演出，卻被從小習武的程硯秋打倒。

那些事： 梅蘭芳蓄鬚抗日

程硯秋與梅蘭芳、尚小雲和荀慧生一起被譽為中國「四大名旦」。

梅蘭芳與程硯秋一樣具有抗日的情懷。1937年日本發動侵華戰爭後，梅蘭芳開始堅決拒絕登台演出，不給日本侵略者表演，即使生活也因停演變得窘迫，日本人和漢奸還上門説服，梅蘭芳也沒有退卻。他想了一個辦法，就是留起了鬍子，這樣就沒有辦法再登台演旦角了。直至1945年抗戰勝利，梅蘭芳才刮去鬍子。

後來，中華人民共和國成立以後，隨着中國鐵路運輸的發展，北京站落成。這個美麗的藍房子，現在成為了中國鐵道博物館正陽門館。

帶着南瓜，漂洋過海修鐵路

在過去，關於鐵路的故事不僅發生在國內。接着，我們就講講從中國南方，漂洋過海，去美國修鐵路的中國工人吧！

廣東、福建一帶，在清代末年有許多窮苦的農民背井離鄉，輾轉來到香港，搭上輪船，渡過太平洋去大洋彼岸的美國謀生。

那時候的美國，東海岸和西海岸之間也存在路途遙遠，聯繫困難的問題。寫小說的凡爾納抱怨過，從紐約到舊金山，最順利也要 6 個月才能到！當時，美國東西部被崇山峻嶺、浩瀚沙漠隔開，距離超過 4500 公里，沒有便利的交通路線。地理原因使西部成了美國相對獨立的地區，不僅經濟發展受到影響，也成為國家穩定統一的隱患。

正是大量中國工人的到來，幫助美國修建一條叫太平洋的鐵路，使得美國在 1869 年就開通聯繫東西海岸的鐵路，這在一定程度上促進了美國的統一。

這些中國工人乘坐的前往美國的輪船，卻被叫作「浮動地獄」。因為，一旦登上輪船，航行長達兩三個月，每天休息的空間不到一呎，大家像住沙甸魚罐頭一樣，擠在一起。最開始的時候，等船靠岸的時候，人就死掉了一半。後來，大家有了經驗，上船的時候，就帶上南瓜，在海上超出生理極限的情況下，它可以補充營養、水分，甚至不慎落水還可以用它當救生圈。

參加太平洋鐵路建設的中國工人，犧牲也很慘重。至今，流傳着一句這樣的話：每一英里鐵路下，就埋有一個華工的屍骨。1991 年的時候，美國捐贈了一座中國鐵路華工紀念碑，現在立在上海廣元路衡山路口街頭花園。碑體由當年建設鐵路的 3000 枚道釘實物焊成，以此來紀念 13 000 餘名為建設美國橫貫大陸東西太平洋鐵路而獻身的華工。

法國著名科幻小說家凡爾納在他的《八十天環遊地球》裏也提到太平洋鐵路修建的意義：如果沒有它，八十天環遊地球的夢想永遠只是夢想而已。過去，從紐約到舊金山最順當也要走 6 個月，而鐵路建成後只需要 7 天。

百年鐵路興衰史

讓火車過江

講了這麼多早期鐵路的故事，我們現在來看看，鐵路是怎麼樣把我們國家這麼廣闊的土地連起來的，還有，連接起來很重要嗎？

這裏，我們就講眾多鐵路中的一條——京九鐵路（北京—香港九龍）吧！它從提議修建落成，用了一百多年的時間！

最早，香港銀行家韋寶珊提出修建建議，被保守的清政府否決了。到了清代末年的時候，中國的領土被帝國主義列強瘋狂地瓜分。領導辛亥革命的孫中山希望建設聯繫南北的鐵路，他說鐵路連接各地，可以「為國家統一之保障……不復受各國之欺侮」。可是連年戰爭，修建鐵路的計劃被迫停止。

1958 年，根據毛澤東指示，中國第一任鐵道部部長滕代遠提出了一個偉大構想：修建從北京到九江的，位於京廣、京滬之間的第三條南北鐵路大幹線。隨後鐵道部把京九鐵路納入國家鐵道建設規劃。但由於歷史原因，這一計劃擱淺。

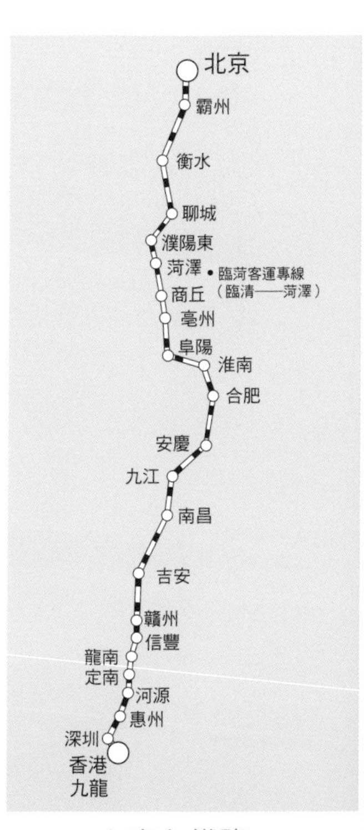

▲京九鐵路

但困難總是要克服的，1973 年，當時最長的橫跨長江大橋——九江長江大橋動工，結果建了 10 個橋墩，錢就不夠了，沒有繼續建設。一直到了 1993 年，這個大橋才建成。

後來，香港快要回歸祖國了，中國用「宇宙速度」修建了連接北京、香港的鐵路。短短 3 年後，京九鐵路通車，北起北京西客站，跨越京、津、冀、魯、豫、皖、鄂、贛、粵九省市的 103 個市縣，南至深圳，連接香港九龍。

2018 年 9 月 23 日，廣州到香港的廣深港高鐵段通車，這標誌着香港特區政府正式加入國家高鐵網絡，步入高鐵新時代。

1890年

◀1890年，韋寶珊希望建一條連接香港和中國內地的鐵路，方便貿易，但被否定。

1907年

1907年，九廣鐵路興建計劃啟動。

1912年

孫中山希望建一條南北鐵路，但連年戰爭讓計劃擱淺。

1958年

1958年，計劃再次擱淺。

1973年

▲1973年至1993年，能讓火車通過長江的九江長江大橋終於建好。

1993年

1996年

1996年，京九鐵路通車。

2012年

2012年，京九鐵路完成電氣化改造。

最美的鐵路

前面說到的京九鐵路不僅是一條縱貫南北的交通大動脈，也是一條風景優美的旅遊熱線。沿着京九鐵路，我們會經過荊軻的故鄉涿州，武松的故鄉清河。再走着，到了宋江的老家鄆城，中間還有武松打虎的景陽岡，緊跟着的是牡丹甲天下的菏澤。跟着火車再往南走，越過長江，會經過革命聖地南昌、井岡山、粵北革命老區……最後才到達香港。

現代的交通發達，乘坐飛機可以快速到達目的地，但很多人卻有着火車情結，去哪裏都願意選擇火車。這樣做大概是因為能欣賞到火車沿線的美麗風景吧！

出發：西寧

火車駛出西寧，兩旁是成片的油菜花田，遠處綠野接遠山，大片羊羣悠閒地漫步在山間，像融化的點點白雪。這時你可以把照相機準備好，有許多美景正在等着你。

路經：青海湖

列車沿着青海湖前行，窗外藍色的湖水如綢緞拉開。春天的青海湖，遠遠能看見回歸的候鳥在湖上掠過。油菜花沿湖怒放，金色的花海伸向遠方……

路經：格爾木

列車到達這一站，說明你已進入青藏高原。列車在過格爾木後開始為旅客供氧氣。

路經：可可西里無人區

睡到自然醒，列車已經進入可可西里無人區。遠處的高山上白雪皚皚，雲彩如蒸騰的霧氣纏繞山腰，在陽光的照耀下，折射出奇異的紅、黃、綠、紫色的光。突然，一羣藏羚羊出現在車窗外，這裏是著名的藏羚羊保護區。

我國有一條火車線路被人稱為世界最美火車線路之一，這就是青藏鐵路。有人說，去西藏的目的，不是為了終點，而是因為一路的風景足以讓你震撼！坐上青藏鐵路火車，一路上你可以看到大片金燦燦的油菜花圍繞在湛藍的青海湖邊，藍白映襯，美得讓人窒息。翻過唐古拉山，沱沱河、日落、措那湖……以及偶遇的野生動物，讓人應接不暇。

讓我們坐上火車，從西寧去拉薩，一起感受那沿途最美的風景。

青藏鐵路

青藏鐵路於2006年7月1日正式通車運營，它東起青海西寧，南至西藏拉薩，全長1956公里，是世界上海拔最高、線路最長的高原鐵路，被譽為「天路」。青藏鐵路是實施西部大開發戰略的標誌性工程，是中國新世紀四大工程之一。

路經：措那湖

進入措那湖，西藏為人們展開一幕巨大的畫卷，粗獷的遠山緊緊擁抱着寧靜的湖水，成羣的犛牛、藏羚羊沿着蜿蜒的湖岸線吃草。陽光下，湖面折射出神祕莫測的波光。

路經：那曲草原

告別了冬天的寒冷，草原萌發生機，春天的草場隨處可見放牧的氈房。英俊的那曲小伙子身穿藏裝，腳踏摩托車沿着青藏鐵路放牧。

到達：拉薩

一起數數那些「第一」

1949 年以前，中國鐵路的建設是緩慢的。1949 年以後，中國鐵路建設開始步入了新的發展時期，創造出許多的「第一」，讓我們自豪地數一數這些載入史冊的「第一」。當然，有些答案需要自己去尋找。

中華人民共和國成立後修建的第一條鐵路

20 世紀 50 年代初，中華人民共和國政府決定填補西部地區的鐵路空白，開始建設成都到重慶的成渝鐵路。這條鐵路 1950 年 6 月開工建設，1952 年 7 月通車，成為中華人民共和國成立後修建的第一條鐵路。

▲ 成渝鐵路建成通車

全國第一條電氣化鐵路

寶成鐵路北起陝西省寶雞，南行達四川省成都，全長 669 公里，是溝通西北與西南的第一條鐵路幹線。也是突破「蜀道難」的第一條鐵路。寶成鐵路於 1952 年 7 月 1 日在成都動工，1958 年建成通車，1975 年 7 月完成鐵路電氣化工程改造，成為全國第一條電氣化鐵路。

▲ 寶成鐵路運輸繁忙

舉世罕見的鐵路工程

有一條鐵路自四川省成都至雲南省昆明，全長約 1100 公里。1958 年 7 月開始動工，經歷種種困難後，於 1970 年 7 月 1 日全程貫通。這條鐵路建設工程的艱巨浩大，舉世罕見。這個艱巨宏偉的工程，榮獲國家頒發的「科學技術進步特等獎」。這條鐵路是________。

▲ 火車正在穿越全線海拔最高的隧道——沙木拉達隧道。

中國唯一一條運輸專線鐵路

大秦鐵路建於 1985—1997 年，是中國唯一一條________運輸專線鐵路。鐵路自山西省大同市至河北省秦皇島市，全長 653 公里，平均不到 15 分鐘，就有一列列車呼嘯而過。

◀ 大秦鐵路到底是運輸甚麼物資的？

高鐵的第一

2008 年中國擁有了第一條時速超過 300 公里的高速鐵路—— ________，2009 年又擁有了世界上一次建成里程最長、運營速度最高的高速鐵路—— ________。中華人民共和國成立以來一次建設里程最長、投資最大、標準最高，貫通三省四市的高速鐵路—— ________。

A.武廣客運專線　　B.京津城際鐵路　　C.京滬高鐵

火車代碼的祕密

如果你坐火車時注意觀察，你會發現每列火車都有一個編號，這個編號是為了區別不同方向、不同種類、不同區段和不同時刻的列車。這個編號一般由一個英文字母和阿拉伯數字組成。英文字母表示列車種類，阿拉伯數字表示車次。

Y020388　京BD售
北京　D4521次　北戴河
BeiJing　BeiDaiHe
2014年07月11日15:09开　05车07D号
￥81.50元　二等座
限乘当日当次车　折
1102211964****221X
21152200410703 Y020388

▲ 火車票上都是有標明車次編號

火車的編號裏的學問可多了，我們來了解編號裏英文字母的含義：高速動車組（G）、城際高速（C）、動車組（D）、直達特快旅客列車（Z）、特快旅客列車（T）、快速旅客列車（K）、普通旅客列車（四位數字車次）、旅遊列車（Y）、臨時旅客列車（L）。沒有英文字母的 4 位數字代表普通列車。

了解了這些基本知識，你能知道下面幾種列車的基本信息嗎？

G1001次

這是從武漢到深圳北的高鐵

D105次

這是從上海到長沙的 ____________

K2058次

這是從成都到烏魯木齊的 ____________

2051次

這是從大連到牡丹江的 ____________

火車沿線會經過很多的車站，你會發現：有些車站停靠時間長；有些車站停靠時間短；有些車站列車會飛馳而過，不做停留。這是為甚麼呢？原來我國的車站還按照車站所擔負的任務量，以及它在國家政治、經濟方面的地位被劃分為特等站（特等火車站）、一等站、二等站、三等站、四等站、五等站六個等級。比如北京、上海、廣州等交通樞紐的車站就是特等站。

如果你細心觀察，各地的火車站不論大小，都會具有濃厚的地域和人文特色。比如，京九鐵路香港段（也叫九廣鐵路），因為香港曾經歷過英國的殖民統治，所以沿線的各個火車站，建築外形均屬於英國式車站。不過，其中有一個例外，那就是大埔墟火車站。

因為這裏原來是華人聚居區，當時修築鐵路的英國人，為了讓當地居民接受興建火車站，只好設計了中國風格（主要為嶺南風格的廟宇、祠堂建築形式）的大埔墟火車站。它有別於其他車站的西式建築風格，牆上刻有中式花紋，門樓屋脊及兩旁的牆上有蝙蝠、牡丹及喜鵲等泥塑，寓意吉祥。

▲ 屋脊是大埔墟火車站最大的特色。

發揮想像，為你所在城市的火車站設計一個有特色的站台吧！

我的家鄉是 ________ ，我想把火車站設計成 ________ 。

城市交通的好幫手

張愛玲樓下的叮叮車

讓我們把視線從祖國廣闊的土地，甚至太平洋彼岸拉回來，來看看我們居住的一個又一個的城市。在城市裏，我們也讓車輛（當然，常常沒有火車那麼長）在固定的導軌上運行，我們叫它們城市軌道交通，它們是火車的親戚。

我們先來看看很早就出現在城市的一種軌道交通方式：有軌電車。20 世紀初的時候，電車風靡世界。住在上海的張愛玲女士是個作家，她住在愛丁頓公寓（現名常德公寓）。離她家不遠的地方，就是上海最早的有軌電車（1908 年）起點站，在靜安寺路（現南京路）上。張愛玲說，她最喜歡趴在陽台上，看着「電車回家」：

一輛銜接一輛，像排了隊的小孩，嘈雜，叫囂，愉快地打着啞嗓子的鈴：「克林，克賴，克賴，克賴！」吵鬧之中又帶着一點由疲乏而生的馴服，是快上牀的孩子，等着母親來刷洗他們。車裏的燈點得雪亮。專做下班的售票員的生意的小販們曼聲兜售着麪包。有時候，電車全進廠了，單剩下一輛，神祕地，像被遺棄了似的，停在街心。從上面望下去，只見它在半夜的月光中袒露着白肚皮。

▼現在的常德公寓

現在的上海，比起張女士居住的時候，不知道大了多少倍。相對比較慢的電車和它的叮噹聲已經消失在歷史中（1975 年，上海拆除了最後一條有軌電車道）。只是，在香港特別行政區，張愛玲的母校香港大學附近，倒還叮叮噹噹開着有軌電車，不過是雙層的。或許，我們可以看着香港島上開了百年的電車，想像那時候的大上海。

▲香港電車至今還在行駛

城市軌道交通

城市軌道交通是指具有運量大、速度快、安全、準點、保護環境、節約能源和用地等特點的交通方式，包括地鐵、輕軌、快軌、有軌電車等。世界各國普遍認識到：解決城市的交通問題的根本出路在於優先發展以軌道交通為骨幹的城市公共交通系統。

別樣的軌道——香港山頂纜車

在香港還有一條非常特別的鐵路線——山頂纜車。

想像你正坐在香港夜晚的纜車上，從中環花園道前往太平山頂。沿着依山勢而建的路軌，纜車緩緩爬上373米高的陡斜山坡，最陡的角度有27度。你從窗户看出去，香港美麗的夜景盡收眼底。

我國第一條地鐵

現在，很多城市裏最出名的軌道交通方式，恐怕就是地鐵了！它有許多優點：準時、迅速、運客多……

我國第一條地鐵是北京地鐵，它的規劃始於 1953 年。那時，中華人民共和國剛成立，百廢待興，而且當時，北京常住人口還不到 300 萬人，機動車也僅有 5000 多輛。大街上人多車少，人們出行多是步行或乘人力車，連乘公共汽車的人都是少數。那麼，為甚麼要在這個時候規劃修建地鐵呢？

周恩來總理曾說，「北京修建地鐵，完全是為了備戰。如果為了交通，只要買 200 輛公共汽車， 就能解決」。那是因為 1941 年德國人大舉進犯莫斯科的時候，剛剛建成 6 年的莫斯科地鐵，

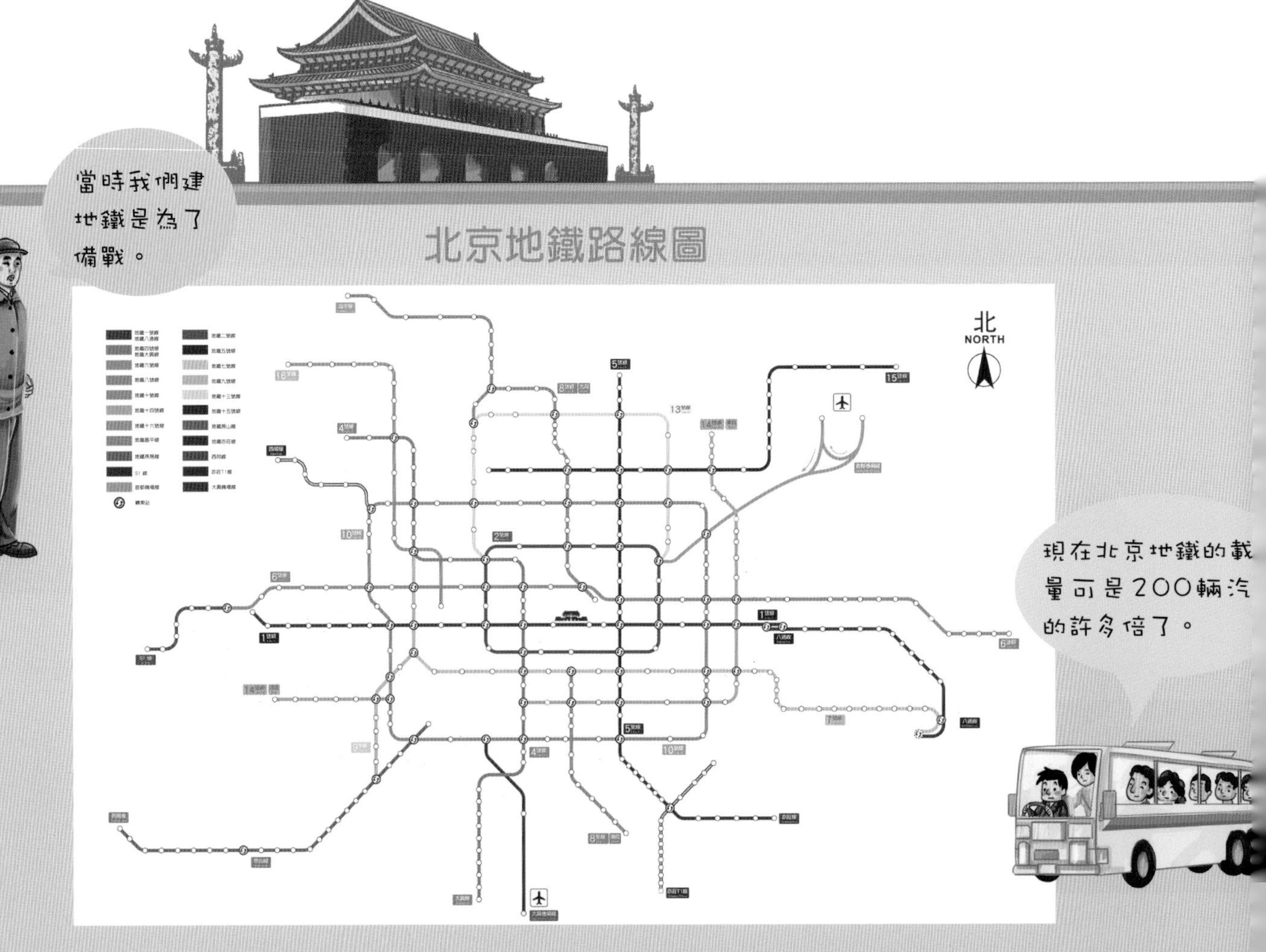

不但成了莫斯科市民的避彈掩體，更成了蘇軍的戰時指揮部。這給新中國領導人很多啟發，也掀開了中國修建地鐵的序幕。

經過多年的修建，北京地鐵一號線終於 1969 年通車，穿過天安門底下。如今的北京地鐵已經四通八達。

中國地鐵的發展速度驚人，已開通地鐵的城市有：北京、天津、香港、上海、廣州、重慶、武漢、深圳、南京、成都、瀋陽、西安、蘇州、昆明、杭州、哈爾濱、鄭州、長沙、寧波、佛山、無錫、常州、大連、長春、台北（台北捷運）、高雄（高雄捷運）等多個城市。

中國地鐵之最

北京地鐵：規劃始於1953年，工程始建於1965年，最早的線路竣工於1969年，是大中華地區第一個地鐵系統。2013年，北京地鐵年客運量突破32億人次，居全球第一，日均客流量過千萬已成常態。2013年7月日均乘客量975.03萬人次，2014年3月，工作日日均客運量在1000萬人次以上，並且在2014年4月30日創下單日客運量最高值，達到1155.95萬人次。

長春地鐵：1939年，偽滿洲國《大「新京」都市計劃》規劃建設120公里的長春環城地鐵。長春是中國第一個有地鐵規劃的城市。

香港地鐵：是全球獨一無二最具商業價值的地鐵，經濟效益十分可觀。2019年香港地鐵每日平均乘客量約為468萬人次，成為世界上最繁忙的鐵路系統之一。

天津地鐵：老地鐵（現天津地鐵一號線）最淺處埋深僅2米，可謂世界上埋深最淺的地鐵。

重慶地鐵：重慶軌道交通6號線，有一座埋深超過60米、深度居全國地鐵站第一的車站——紅土地站。車站內電扶梯的提升高度達到60米。

武漢地鐵：武漢軌道交通2號線是我國首條穿越長江的地鐵。

蘭州地鐵：蘭州軌道交通1號線是我國首條穿越黃河的地鐵。

地下鐵開會

城市越來越大，汽車越來越多。路面的交通堵塞問題也越來越嚴重了。我們不可能永遠不休止地在地面建路。地鐵，為我們提供了一個解決方法。

地鐵在各個城市的地下蔓延，編織出便捷的交通網。這天，來自各地的地鐵在開會，大家講起各自的故事。

來自南京的地鐵俠沉默地坐在窗邊，上海的暢暢說：「大俠，在想甚麼高深招數？」地鐵俠說：「招數？給你出個題目：在地下 50 米的地方，鑽進長江底下，把南京南北城區連起來，順道路過江南貢院、夫子廟、明故宮、雞鳴寺、玄武湖……」

暢暢這下來勁了：「上海的地鐵不是也游過黃浦江嗎？在河牀下挖隧道就可以了嘛。」

地鐵俠：「從 1928 年開始，南京就是一座梧桐之城，城區有數不盡的梧桐樹。那時候，為了舉辦孫中山的葬禮，南京種了 20 000 多棵梧桐樹。現在，按照工程師的設計，我們要移走至少 600 棵梧桐樹。」

杭州來的地鐵寶寶插話了：「我們也移過樹的。」

地鐵俠說：「只是，我們南京人對梧桐特別有感情，市民上街護樹，最後市長說保護城市的記憶。在建設地鐵的時候特別保護樹木。」

暢暢拍拍地鐵俠的肩膀說：「那不是解決了嘛！」

南京護綠在行動

南京保護梧桐樹的行動發生在2011年3月初。當時，南京市政府因為建設南京地鐵3號線，要將南京市主城區內許多在20世紀中期栽種的法國梧桐等樹木移栽。梧桐樹移栽後的成活率較低，因此不少南京市民發出呼籲，要保護南京市內的梧桐樹。

南京梧桐護綠行動引起了政府的重視。2011年3月17日，南京市政府制定《關於進一步加強城市古樹名木及行道大樹保護的意見》，承諾市政建設「原則上工程讓樹，不得砍樹」。

南京護綠行動引起了極大的社會和輿論關注，被列為2011中國公眾參與環保十大事件之一。

▶ 梧桐樹是南京一道獨特的風景線

你所在的城市有地鐵嗎？你認為地鐵給我們的生活帶來了利還是弊？

我所在的城市 ____________（有/沒有）修建地鐵。

我認為修地鐵 ____________（利大於弊/弊大於利）。這是因為

____

____

列車四

越開越快的火車

我抬乘客從車窗上車，
收費2～4毫。另外，
我們還有些小規則必須
讓乘客知道。

從窗戶爬上車

剛才說到了地鐵俠，其實在很久以前，上火車也得有一身大俠的功夫。因為坐火車的人太多，為了上車，乘客們會不經車門而是從窗戶上車。這個功夫可不是人人都會，所以早在民國時期，火車站就專門有一個行業，在站台抬人從窗戶進火車，一次收費兩毫到四毫。

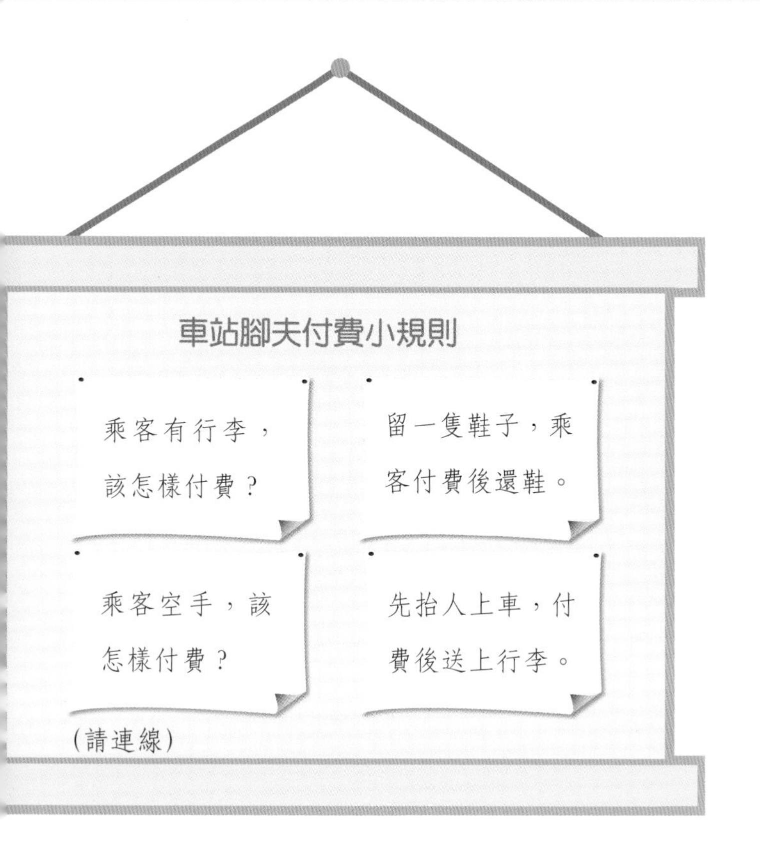

你該問我了，不是有門可以走嗎？

著名作家巴金寫過散文《平津道上》，說他去坐火車，提了一個大藤箱，車裏「只看見到處是人頭」。所以就出現車站抬旅客從還能擠進去的窗戶上車的行業了。

這樣的問題一直困擾着我們這個人口眾多的國家。後來，鐵路越建越多，從窗口抬人進去的現象已沒有了，但火車還是很擠，因為越來越多的人出門讀書、打工、做生意。遇到春節大家回家過年的時候，就更擠了。

你說，怎麼辦才好呢？

春運

中國在農曆春節前後會發生一種大規模的高交通運輸壓力的現象，以春節為中心，共 40 天左右。國家鐵路局、交通部、中國民航局按此進行專門運輸安排的全國性交通運輸高峯叫作「春運」。

「春運」被譽為人類歷史上規模最大的、週期性的人類大遷徙。在 40 天左右的時間裏，有 30 多億人次的人口流動，佔世界人口（約 70 億人）的 3/7，相當於全國人民進行兩次大遷移。中國「春運」已創造了多項世界之最。

每年「春運」，鐵路運輸是重中之重。中國鐵路部門為緩解購票壓力，實行實名制購票，以窗口、網絡、電話等多種渠道分散購票人羣，「一票難求」的情況有所緩解。

「春運」期間，人們返鄉情切，但火車動力有限，很多人上火車也非常困難。採訪下你的爺爺奶奶、爸爸媽媽，了解一下他們心目中的鐵路變遷。

會飛的火車

為了緩解我國火車運輸的壓力，國家想了不少的辦法，其中一個重要的辦法就是讓火車開得更快。

也許你不知道，從1997年開始，我國的鐵路已經經過了六次提速。

第一次大提速：列車運行速度有了大幅度提高，實現了歷史性突破

時間：1997年4月1日

京廣、京滬、京哈三大幹線全面提速，以北京、上海、廣州、瀋陽、武漢等大城市為中心，最高時速達140公里。全路旅客列車平均旅行速度由48公里/小時提高到55公里/小時。

第二次大提速：進一步擴大了提速範圍

時間：1998年10月1日

以京滬、京廣、京哈三大幹線為重點，最高運行時速提高至140-160公里；非重點提速區段快速列車運行時速達120公里；其他線路具備提速的區段列車運行速度也有一定幅度的提高。全路客車平均旅行速度達到55.16公里/小時。

我坐火車到北京差不多要3天。

我們去北京只要2天了。

1997年提速前，乘火車從烏魯木齊到北京要68小時

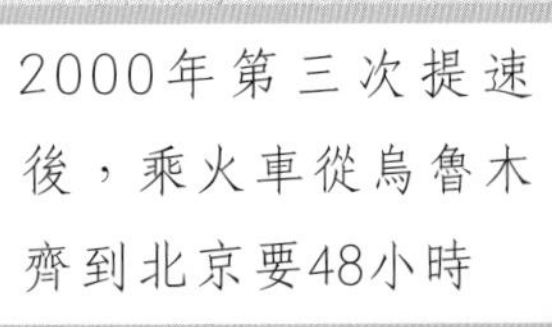

第三次大提速：縮短東西距離

時間：2000年10月 21日

這次提速線路除京九線南北縱向外，隴海、蘭新、浙贛線均為東西橫向。全國初步形成了覆蓋全國主要地區的「四縱兩橫」提速網絡。東西時空距離的縮短，也為如火如荼的西部大開發進程提速。

第四次大提速：提速網絡覆蓋全國大部分省區

時間：2001年11月21日

這次提速後，旅客列車運行速度有新提高。全路旅客列車平均旅行速度達到61.92公里/小時。

第五次大提速：集中體現了鐵路運輸生產力發展的新水平

時間：2004年4月18日

第五次提速後，部分路段加開了直達車，使路程時間又再縮短。全路旅客列車平均旅行速度為65.7公里/小時。

第六次大提速：讓鐵路提速惠及更多旅客

時間：2007年4月18日

省會城市之間，以及大的中心城市之間列車運行時間，比1997年第一次大面積提速前普遍壓縮一半。

我想，我是一陣風

讓火車開得更快，還有一個不錯的主意，就是讓火車飛起來。

這可不是白日夢，現在已經出現這種能飛的火車，叫作磁懸浮列車。理論上，它的速度可以像光一樣快，儘管它沒有翅膀。

磁懸浮列車是怎麼飛起來的呢？

我們都知道，吸鐵石有南極和北極兩個磁極，還有，這兩個極具有同性相斥、異性相吸的特點。磁懸浮列車就在車廂底部裝了這樣的「吸鐵石」，利用磁鐵相斥或者相吸，使車懸浮於車道的導軌面上運行。

磁懸浮列車，一開動很快就可以加速到 50 公里 / 小時，在行駛短短 50 多米之後，便在軌道上懸浮起來，越跑越快。在理論上，磁懸浮列車行駛的速度可達每小時 1000 公里。當然，由於技術局限，現實中還遠遠沒有這麼快。

現在在上海有一條磁懸浮列車，它最快的速度差不多是 430 公里 / 小時。已經是目前陸地上最快的交通工具了。

上海磁懸浮列車路線

西起地鐵2號線龍陽路站，東至浦東國際機場，線路全長30公里，它是世界上第一條高速磁浮商業運行線。最高時速為430公里/小時，全程30公里僅需8分鐘，而F1賽車的最高速度約350公里/小時。

哦，剛才忘了告訴大家，磁懸浮列車，也是高鐵（高速鐵路運輸）的一種。從 1999 年開始，我國開始建設高鐵。二十幾年過去了，現在，我們已經擁有很多個高鐵世界之最：發展最快、系統技術最全、集成能力最強、運營里程最長、運營速度最高、在建規模最大。

我們來看看，從你家出發，搭高鐵去北京 / 上海，要 ______ 個小時呢？去西寧要 ______ 小時呢？

中國高鐵走出國門

2015年6月，中鐵二院與俄羅斯企業組成的聯合體，中標了莫斯科—喀山高鐵項目。該項目合同金額約24億元人民幣，是中國高鐵走出國門的「第一單」，也是推進國家「一帶一路」建設過程中的又一重要成就。

該段鐵路設計時速最高將達到400公里，是名副其實的地面鐵路「第一速度」。

高鐵美食之旅

我們的高鐵，像風一樣奔馳在各地，大幅度改變中國的時空距離。這個改變有多大？跟着這風馳電掣的高鐵，熱衷廣東點心和一口氣能吃掉半隻北京烤鴨的我就可以做到「早啖廣東茶，晚食北京鴨」。你喜歡吃的食物有哪些呢？通過這四通八達的高鐵網，你想怎麼安排呢？

下面是一位「吃貨」乘坐高鐵展開的美食之旅。

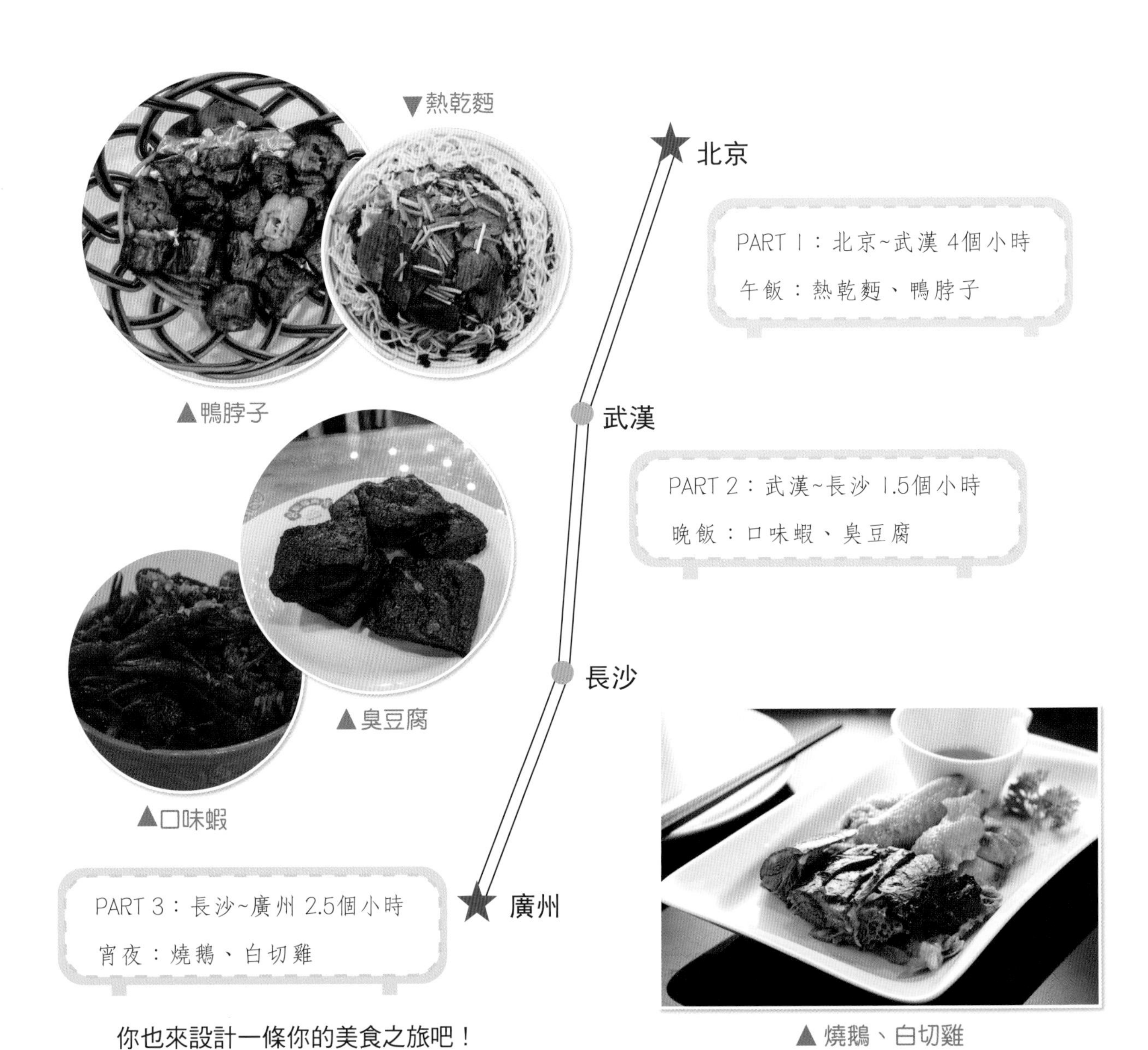

▼熱乾麪

▲鴨脖子

▲臭豆腐

▲口味蝦

▲燒鵝、白切雞

你也來設計一條你的美食之旅吧！

我的家在中國・道路之旅 5

開往春天的列車 鐵路

檀傳寶◎主編　葉王蓓◎編著

責任編輯：楊　歌
裝幀設計：龐雅美
排　　版：龐雅美　鄧佩儀
印　　務：劉漢舉

出版／中華教育
香港北角英皇道 499 號北角工業大廈 1 樓 B
電話：(852) 2137 2338
傳真：(852) 2713 8202
電子郵件：info@chunghwabook.com.hk
網址：https://www.chunghwabook.com.hk/

發行／香港聯合書刊物流有限公司
香港新界荃灣德士古道 220-248 號
荃灣工業中心 16 樓
電話：(852) 2150 2100
傳真：(852) 2407 3062
電子郵件：info@suplogistics.com.hk

印刷／美雅印刷製本有限公司
香港觀塘榮業街 6 號
海濱工業大廈 4 樓 A 室

版次／ 2021 年 3 月第 1 版第 1 次印刷

規格／ 16 開（265 mm x 210 mm）